献给这片土地，献给这片土地上的生命，献给保护这片土地的人们。

主持单位　　四川省林业科学研究院
西藏工布自然保护区管理局

王放 孙治宇 刘少英 张明 车买和 ／ 编著

BIODIVERSITY OF THE GONGBO NATURE RESERVE

生命天堂

LIFE PARADISE 西藏工布自然保护区

中国林业出版社

经幡庇护着这片土地上的山水和生命，成百上千的自然保护工作者也为保护这一生命天堂无私奉献。

（前页）西藏工布自然保护区所在区域是我国原始天然林面积最大、保存最完好的区域之一。

保护区隶属藏东南水文区，东喜马拉雅北缘地带，林芝宽谷片。这里河谷开阔，河湖四周原始森林密布，森林层次和树种分明。

在保护区之中，人和自然呈现和谐的关系。

目 录
CONTENTS

引 言

INTRODUCTION

保护区概述

西藏工布自然保护区位于西藏东南部的林芝地区，地处东喜马拉雅北翼。地理坐标介于东经92°55′57″~94°54′36″，北纬28°39′2″~30°20′25″之间。雅鲁藏布江和尼洋河在区内交汇。

西藏工布自然保护区成立于2003年，是以高寒山地垂直生态系统和赤斑羚（*Naemorhedus cranbrooki*）等珍稀野生动植物为主要保护对象的自然生态系统类型的自治区级自然保护区。保护区总面积为21558.16km^2，其中核心区面积12281.23km^2，占保护区总面积的56.97%；缓冲区面积4347.76km^2，占保护区总面积的20.17%；实验区面积4929.17km^2，占保护区总面积的22.86%。保护区行政区域隶属于工布江达县的工布江达镇、仲莎乡、巴河镇、朱拉乡、错高乡，林芝县的林芝镇、八一镇、百巴镇、米瑞乡、布久乡和东久乡，米林县的羌纳乡、丹娘乡、米林乡、南伊乡、里龙乡、卧龙镇和扎西绕登乡以及朗县的金东乡。

保护区所在区域是我国高山垂直生态系统的典型代表地区，也是我国乃至世界山地生物多样性最丰富的地区之一。区内最高海拔6630m（工布江达县西北边界上的无名峰），最低海拔约2910m（米林县丹娘乡附近的雅鲁藏布江河谷地带），海拔高差接近3800m。复杂的地形和气候条件为生物提供了多样的生境，也使保护区保持了较高的生态系统多样性。

概括来讲，保护区的生态系统包括森林、灌丛、草地、湿地、冰川、沙地、农业和聚居地等主要类型。其中，森林生态系统和湿地生态系统是保护区2种最主要的生态系统类型。西藏工布自然保护区是我国面积最大保存最完好的原始天然林生态系统所在地，区内森林生态系统总面积约为10359.84km^2，占保护区总面积的48.06%；保护区湿地生态系统总面积约为384.75km^2，占保护区总面积的1.78%；

保护区植物多样性丰富，包括大型真菌15目、53科、436种；藻类5门，28科，189种及变种；维管束植物1676种，其中蕨类植物21科37属95种，裸子植物有3科，8属，19种，被子植物99科，488属，1562种。根据1999年颁布的，《国家重点保护野生植物名录》（第一批）统计，保护区有国家重点保护野生植物5种，其中，属于国家一级重点保护的植物有1种，属于国家二级重点的植物有4种。

保护区有昆虫406种，其中蚂蚁2亚科8属17种，其他昆虫类14目106科265属389种；脊椎动物315种，其中兽类7目18科68种；鸟类14目48科220种；爬行类1目2科3种；两栖类2目3科10种；鱼类2目3科14种。

保护区有国家一级重点保护野生动物13种，它们是：

胡兀鹫（*Gypaetus barbatus*）

金雕（*Aquila chrysaetos*）

四川雉鹑（*Tetraophasis szechenyii*）

黑颈鹤（*Grus nigricollis*）

熊猴（*Macaca assamensis*）

豹（*Panthera pardus*）

雪豹（*Panthera uncia*）

白唇鹿（*Cervus albirostris*）

林麝（*Moschus berezovskii*）

马麝（*Moschus chrysogaster*）

褐（黑）麝（*Moschus fuscus*）

羚牛（*Budorcas taxicolor*）

赤斑羚（*Naemorhedus cranbrooki*）

国家二级重点保护野生动物43种，国家一、二级重点保护野生动物占该区脊椎动物总种数的17.78%。

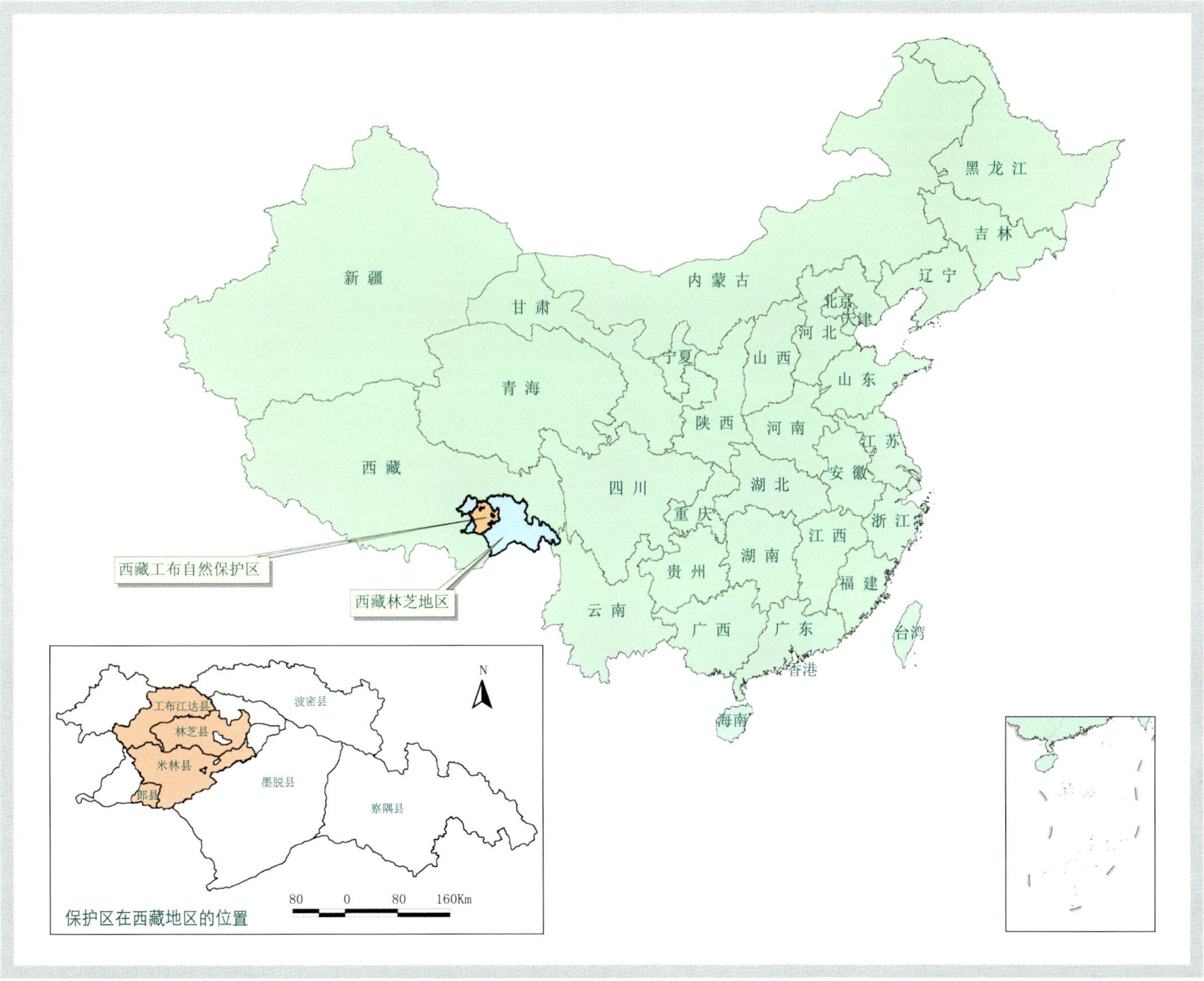

西藏工布自然保护区位置图

生态系统和景观

Ecosystem and Landscape

西藏工布自然保护区位于西藏自治区的东南部，雅鲁藏布江和尼洋河在保护区内交汇，是西藏林芝地区森林和湿地生态系统集中分布的区域。

保护区面积广大，海拔高差悬殊，沟谷交错。复杂的地形和气候条件为生物提供了多样的生境，也使保护区保持了较高的生态系统多样性。

西藏工布自然保护区的景观类型主要包括森林、灌丛、草地、沼泽、湖泊、河流、冰川、沙地、农业和聚居地等。

俯瞰莽莽高原

雪山和冰川孕育了藏东南地区江河的源头，也孕育了丰富的生物多样性。

冰舌

保护区平均海拔5000m以上的山体上，发育有较多的小面积海洋性冰川。

冰川

冰川生态系统是保护区海拔最高的生态系统，主要分布在冈底斯山脉和喜马拉雅山脉的高海拔阴坡、半阴坡。

冰川之下

随着海拔逐渐下降，独特的荒漠生态系统——流石滩裸岩成为冰川之下的地表景观。

暗藏生机的荒原

看似生命禁区的荒原却是自成一体的生态系统，除苔藓、地衣外，一些耐寒、耐旱的高山植物，如红景天等，顽强地生长在沟谷之间。

灿烂秋色

保护区所在区域分布着我国面积最大、保存最完好的原始天然林生态系统。森林养育着江河湖泊，也庇护着人们的生活。

金秋

保护区森林植被类型多样，包括针叶林、针阔叶混交林、落叶阔叶林和常绿阔叶林。

生活在雪山脚下

保护区的森林分布垂直带谱明显，类型复杂多样。亚高山暗针叶林带是分布海拔最高的森林类型。

生命的绿色

分布于海拔3000~4200m的森林生态系统是保护区最重要的生态系统类型。

河流和漫滩

河流生态系统是鱼类、两栖动物、爬行动物和水鸟类的重要栖息地。

江河之源

冰川和降水孕育了青藏高原的河流湖泊。除了雅鲁藏布江、尼洋河等主要河流，还有千百条高原河流发源于这一区域。

林水相依

复杂多样的森林生态系统依存着江河而生，保护区的河流生态系统具有高度的连通性，雅鲁藏布江和尼洋河在保护区内交汇。

川藏公路边的小瀑布

普通的山间的跌水，最终汇入雅鲁藏布江北侧的最大支流—尼洋河。

飞瀑

川藏公路边一条发源于森林之中的飞瀑。

蓝天下的高原湖泊

西藏工布自然保护区广泛分布着湖泊、河流、冰川、湿地，保存着完好的高原淡水湖泊生态系统、高山河流湿地生态系统、雪山、冰川等自然景观。

原始林环绕

森林和河湖相互依存。

雅鲁藏布大峡谷一号吊桥

奔腾的雅鲁藏布江切割出壁立万仞的峡谷，当地居民凭借这些吊桥穿行于险峻的峡谷间。

巴松措

巴松措也译作错高湖，是西藏东部最大的淡水堰塞湖之一，也是重要的旅游资源。

高山湿地

受季风环流的制约，保护区所在区域冬季干燥、夏季多雨，是整个青藏高原最湿润的一个自然地带。

雪鸽

一群雪鸽在夏日开满野花的湿地上觅食。

野花盛开的河滩

高山湿地是大量鱼类、两栖动物、爬行动物的栖息地，构成了保护区最生机勃勃的景象之一。

俯瞰尼洋河

尼洋河是位于雅鲁藏布江北侧的最大支流，是雅鲁藏布江五大支流之一。

河流庇护下的村庄

保护区内尼洋河流长约180km，落差2273m，河流两岸森林植被完好，河水清、含沙小，是沿河地区人民的“母亲河”。

（第46页）林海庇护下的村庄

西藏工布自然保护区行政区域跨林芝、米林、工布江达和朗县4县，林芝县是青藏高原海拔最低的地区之一，素有“西藏江南”之美誉。

（第47页）工布江达县一隅

工布江达县位于尼洋河中上游，为高山峡谷地带。

生命的家园

高山、峡谷、河流和湖泊，千姿百态的大地景观雕刻出西藏工布自然保护区独特的魅力，孕育了这片生命的天堂。

脊 椎 动 物

Vertebrate

优越的水热条件、复杂多样的生态环境使这里形成了丰富而独特的生物区系，成为世界生物多样性最丰富的地区之一，是世界生物多样性研究的热点地区。

保护区有脊椎动物315种，其中兽类7目18科68种；鸟类14目48科220种；爬行类1目2科3种；两栖类2目3科10种；鱼类2目3科14种，种类十分丰富。

（第52页）赤斑羚

保护区最具代表性的物种——赤斑羚。

（第54页）羚牛

国家一级重点保护野生动物——羚牛。

猕猴

迁移途中的猕猴种群，它们一边移动一边观察着四周的动静。

藏原羚

藏原羚是典型的高原动物，喜欢在海拔3000m以上的草原游荡。

藏狐

一只藏狐在寻找着猎物，藏狐的主要食物是鼠兔、旱獭、鸟类和昆虫。

豹猫

豹猫昼伏夜出，是保护区中灵巧而隐秘的捕食者。

野猪

几乎各种地方都能够寻找到野猪的踪迹，它们分布广大，生存能力极强。

毛冠鹿

高山或丘陵地带的森林是毛冠鹿重要的栖息地，毛冠鹿是中国特有的偶蹄类动物。

鼠兔

两只鼠兔生活在藏族牧民的羊圈旁边，千百年来它们和其他动物一起分享着草原。

鼩鼱

鼩鼱是哺乳动物中最原始的类群之一。

黑颈鹤

国家一级重点保护野生动物，全球性易危。在保护区的河谷地带、河流、水库、河滩、沼泽等地，以及周边收获后的青稞地和小麦地能够见到黑颈鹤的越冬种群。

秃鹫

以食腐肉为生的大型猛禽，全球性近危鸟类，中国珍稀濒危动物红皮书中级别为易危。在保护区西北部零星有分布。

大鵟

凶猛的捕食者，可以在4000m以上的高原完成俯冲、截击。

黑鸢

在阳光的照射下，热气流从地表向上蒸腾。黑鸢乘着气流在天空翱翔。

胡兀鹫

以腐肉为食的胡兀鹫是高原上的清道夫，保持着草原的清洁。它们分布广，生存能力极强。

高山兀鹫

高山兀鹫和渡鸦在分享腐肉。

（前页）赤麻鸭

黄昏的温暖光线照射下，赤麻鸭金黄的颜色和背后的湿地植被融为了一体。

白骨顶

白骨顶是一种中型游禽，在保护区中对栖息地的选择较广，在湿地、灌丛、甚至农田附近都有可能见到它们的身影。

普通秋沙鸭

新生命的降生总是让人欢欣鼓舞，一只普通秋沙鸭妈妈带着7个孩子踏上了漫长的生命旅途。

(上图、右页) 灰背伯劳

灰背伯劳的分布广泛，可以从平原一直分布至海拔4000m的山地疏林地区。灰背伯劳是重要的中小型鸟类，它们以昆虫为主食，也吃鼠类和小鱼，维持着生态系统的平衡。

白顶溪鸲

白顶溪鸲是保护区中的江河漫滩周围非常容易见到的小型鸟类。

褐背拟地鸦

地栖性鸦科鸟类，常常在村庄住宅附近挖洞营巢，甚至会跳入房屋之中寻找食物。

雪鸽

在高海拔地区的裸岩河谷和岩壁间，时常能看到雪鸽成对或结小群在天空下飞翔。

雪鸽

在保护区中仔细寻找，经常可以在陡峭的岩壁上见到雪鸽的踪迹，它们的巢就筑在人类难于到达的峭壁岩缝中。

白鹡鸰

白鹡鸰在飞行时呈波浪式前进，停息时尾部不停上下摆动，这两个特征使它们非常容易辨认。

（左图）黑喉红尾鸲

很多小型鸟类其实并不惧怕人类，它们生活在藏族人民的村庄周围，和人一起生活使它们远离大型猛禽的袭击。

灰眉岩鹀

西藏工布自然保护区是近七十种兽类和二百余种鸟类的生命家园，灰眉岩鹀是保护区内常见的小型鸟类之一。

小云雀

小云雀的名字就来源于它们令人赞叹的飞行技巧。它们平时飞行起伏不定，飞到一定高度时又喜欢疾飞而上，直入云霄。

（左图）灰头鸫

灰头鸫的叫声响亮，鸣声婉转优美，可是它们的性格却格外羞怯胆小。

山斑鸠

山斑鸠的分布极其广泛，从西藏直到东北都能听到它们和谐悦耳的咕咕叫声。

灰腹噪鹛

保护区中分布着不少灰腹噪鹛，它们喜欢在灌丛中钻来钻去，以天牛、甲虫、蝼蛄等昆虫为食。

普通䴓

矛纹草鹛

灰头灰雀

北红尾鸲

（左页）大紫胸鹦鹉

在繁殖季，美丽的大紫胸鹦鹉会组成几十只甚至上百只的群体飞行，好像一道彩虹穿行于森林之间。

山麻雀（雄）

山麻雀活动于林缘疏林、灌丛和草丛中，有时也到村镇和居民点附近的农田、河谷、果园、岩石草坡、房前屋后和路边树上活动和觅食。

山麻雀（雌）

繁殖期的山麻雀是高效的捕食者，一转眼就抓了满满一嘴的金龟。

白眉朱雀（雌）

这只雌性的白眉朱雀找到一片小蘑菇作为美味的午餐。

白眉朱雀（雄）

白眉朱雀栖息在海拔2000-4500m的高山灌丛、草地和生长有稀疏植物的岩石荒坡，是保护区中代表性的小型鸟类之一。

乌鹟

乌鹟的捕食带有鲜明的特点，它们有自己最熟悉的捕食地点，通常是一根裸露的低枝，等待有蚊虫飞过，就箭一般地冲出捕捉。

鸲岩鹨

鸲岩鹨是一种温顺而不怕生的小鸟，分布于海拔3600~4900m的草甸及杜鹃灌丛和柳树灌丛。

黑喉红尾鸲

黑喉红尾鸲分布于海拔2700~4300m的林间草地及灌丛，喜欢靠近溪流生活。

（左图）温泉蛇

我国独有的珍稀蛇类，世界上海拔分布最高的蛇，分布范围可达3960~4800m。温泉蛇栖息在高原温泉附近的岩石洞穴或石堆中，冬、夏季都可以见到。

温泉蛇

由于变温动物长时间处在零下就会死亡，所以蛇类都在雪线以下活动。然而温泉蛇根据地理条件的特殊性而进化出独特的生活习性，巧妙地适应了高海拔的严酷自然条件。这一物种在研究蛇类的起源、进化和生物地理上具有非常重要的学术价值。

颈槽蛇

性格温和的无毒蛇，以昆虫、小型鼠类为食。

察隅烙铁头

察隅烙铁头分布区狭窄，数量稀少，在中国物种红色名录中评估等级为近危。

大眼斜鳞蛇

生活于高山地区的蛇类，捕食蛙类为生，无毒。

大眼斜鳞蛇

遇到威胁时，无毒的大眼斜鳞蛇会像眼镜蛇一样将脖颈膨胀，直立身体吐着信子恐吓敌人。

烙铁头

剧毒蛇，栖息于高山地区，行动迟缓，捕食鼠类和昆虫。

拉萨岩蜥

保护区所在区域分布着大量地热温泉，拉萨岩蜥喜欢在温泉周边聚群生活。

拉萨岩蜥

拉萨岩蜥分布海拔范围为3000~4100m，大多生活在多罅隙及石砾的石山地区。

（前页）铜蜓蜥

石龙子科蜓蜥属，分布在保护区低海拔的草丛、荒石堆或有裂缝的石壁处。

（右页）裸裂尻

冷水性鱼类，广泛分布于保护区内各干支流水域，常见于水质澄清的高原河流的宽谷中，滩边洄水区或大石堆间流水较缓的地方。

高山蛙

高山蛙分布于高海拔地区，生存的海拔范围可达2850~4700m，常见于湖泊、水塘、沼泽地带及山溪以及河流附近。

西藏齿突蟾

主要生长在青藏高原南部和东南部海拔2900~5100m的大小河流和溪水中，是中国青藏高原特有动物。

无 脊 椎 动 物

Invertebrate

西藏工布自然保护区处于东洋界藏东山地森林亚区林芝波密小区的西端，昆虫区系以东洋界种和高原高山地域种为主。

目前，共记录昆虫389种，隶属于原尾目、蜻蜓目、螳螂目、直翅目、缺翅目、半翅目、缨翅目、脉翅目、鞘翅目、毛翅目、双翅目、蚤目、膜翅目、鳞翅目等14目106科265属。采自西藏工布自然保护区的蚂蚁合计2亚科8属17种，切叶蚁亚科有5属10种，蚁亚科有3属7种。

墨绿唇花金龟

属于鞘翅目金龟科，花金龟亚科。

细颚刀锹

属于鞘翅目锹形虫科，雄虫体型修长，大颚仅前端具小内齿和分叉。

福瑞斯特眼灰蝶

福瑞斯特眼灰蝶

静磐灰蝶

阿芬眼蝶

（右页）缕蛱蝶

从幼虫变成翩翩起舞的蝴蝶，需要经历羽化的过程。蝴蝶成虫从蛹中破壳钻出，需要一定的时间使翅膀干燥变硬。这时的蝴蝶无法躲避天敌，只能静悄悄地等待。

暗色绢粉蝶

炎热的夏天，一只暗色绢粉蝶正在扑打着翅膀吸食花蜜。

暗色绢粉蝶

绢粉蝶的成虫常会聚集在溪边潮湿的地表吸水，它们飞行速度不快，往往聚成大群。

胡蜂

胡蜂是膜翅目细腰亚目胡蜂总科的统称，是一类有社会性行为的昆虫类群。

蟪蛄

蟪蛄是蝉的一种，属于同翅目蝉科，生活在保护区偏低海拔地区树木枝干上。

西藏优螳蛉

脉翅目螳蛉科昆虫，成虫外表像螳螂，是凶猛的捕食者。

短柄大蚊

两只双翅目的大蚊科的短柄大蚊正在交配。

金印秃蝗

由于适应高原生活的需要，金印秃蝗在进化的过程中失去了翅膀，靠强壮的后足在地面蹦跳。

微蛛

这类蜘蛛体小，螯肢相对较大，而且具有锋利的齿，见于多种生境,如树林,草地,灌木丛林地和沼泽地。

搬蛹的蚂蚁

蚂蚁是一种有社会性习性的昆虫，一般在一个蚁群里有四种不同的蚁型：蚁后、雄蚁、兵蚁和工蚁。工蚁没有生殖能力，主要职责是建造和扩大巢穴、采集食物、饲喂幼虫及蚁后等。

觅食的蚂蚁

蚂蚁彼此可以通过身体发出的信息素来进行交流沟通，当找到食物时，它们会在食物上散布信息素，以便蚁群的其他蚂蚁找到食物。

鳃金龟

鳃金龟科是金龟总科中最大的一科，种类逾万种，分布几乎遍及全球。在我国鳃金龟亦分布广泛，从西藏到东北都有它们的分布。

叶甲

鞘翅目昆虫的前翅质地坚硬，形成鞘翅；后翅膜质，折叠收在鞘翅之下。红色通常是一种警告，警告敌人不要冒犯。这只叶甲的鞘翅及腹背等部位不是橙色就是红色，警告着捕食者不要靠近。

琵蝎

琵蝎是可怕的捕食者，完全为肉食性，靠触肢上的听毛或跗节毛和缝感觉器发现猎物的位置，取食蜘蛛、蟋蟀、蜈蚣和各种昆虫。

黄粪蝇

北半球数量最丰富的苍蝇之一，虽然会在马粪或者牛粪旁边出现，但是它们却是为了掠食其他昆虫而非取食粪便。

雏蜂虻

雏蜂虻的成虫以花蜜为食，但是它们的幼虫寄生在飞蝗卵块中，控制着蝗虫的数量。

熊蜂

保护区中共记录了9种熊蜂。熊蜂是膜翅目昆虫中的一个特化分支，是高原上飞翔能力较强的类群。对于农林作物、牧草、药用植物以及野生植物的传粉起一定的作用，特别是对牧草的传粉效果显著。

森 林 与 植 被

Forest and Plant Cover

西藏工布自然保护区属于泛北极区–中国喜马拉雅植物森林亚区–东喜马拉雅地区，地处低纬度，环境条件相对周边地区复杂而优越，植物种类丰富。

该区的热带与温带植物区系交错，受到念青唐古拉山山脉、喜马拉雅山山脉等高山的阻隔，该地区的地理环境、区系具有独特性，相邻的多种植物区系成分在这里出现、交汇和融合，从而造就了本地区植物区系成分的复杂性和丰富性。

云雾笼罩下的针阔混交林

因为滑坡和其他自然干扰，阔叶林占据了暗针叶林原本生长的坡面，给山坡增加了更加美丽的色彩。

针阔混交林

由于频繁的地质变动，保护区内的森林也在不断地更新、演替中，形成了丰富多彩的面貌。

暗针叶林

保护区内以冷杉、云杉建群的暗针叶林树体高大，胸径粗大，在林芝及其周边地区分布较多未被破坏的原始或近原始林。

杜鹃灌丛

杜鹃花属作为高原分化中心和分布中心的属，其花具有很高的观赏价值，历来是作为重要的观赏植物资源开发的物种。保护区中含有杜鹃花属植物达51种之多。

亮鳞杜鹃

常绿灌木，高2~5m，有时长成小乔木。

雪层杜鹃灌丛

雪层杜鹃生于山坡灌丛、草地、岩坡、高山草原、云杉林下、沼泽地及崖石空地，分布海拔3200~5400m。

偏翅唐松草

分布于鲁朗、林芝、米林、色季拉山等地，是传统的药用植物，根可代黄连药用，治牙疼、眼痛、肠胃热症等疾病。

柴胡

保护区内的常见药材，有镇静，镇痛和抗炎之效，治疗普通感冒，流行感冒，疟疾，肺炎。

老鹳草

多年生牻牛儿苗科草本植物，广泛分布于在保护区内的多个植物群系之中，用作药材，可舒筋、抗菌、止泻、凝血。

波斯菊

波斯菊原产于墨西哥，由于长相讨人喜爱，又容易栽培，很快地从花园扩散到郊野、山林。

尼泊尔香青

尼泊尔香青广泛分布于西藏、甘肃、四川等地，在西藏民间用作止咳药。

甘青青兰

甘青青兰以全草入药，和胃疏肝，可以用于胃炎，胃溃疡，肝炎等疾病。

凤仙花

凤仙花花形独特、优雅，一直以来都是作为民间的重要庭园植物栽培。西藏工布自然保护区内分布有8种凤仙花。

翅柄蓼

多年生蓼科草本植物，生于海拔2500-3800m的山坡草地、山谷灌丛处。

狗娃花

东亚分布类型，是从东喜马拉雅一直分布到日本的植物科属之一。二年生、稀多年生草本，生于山坡草地、河岸草地、海边石质地、林下等处。

瑞香狼毒

这种瑞香科的植物不仅可以作为清热解毒的草药，也是藏纸制作原料之一，据说以其发达的根系作为原料制造出来的纸张，印刷成经书千年不坏。

（左图）芷叶棱子芹

伞形科棱子芹属植物，中国的特有物种，多生长于山坡草地上。

翠雀

保护区中共有8种翠雀。作为观赏植物，翠雀花形特殊，花色艳丽，是较为特殊的高原植物种类，反映高原景观特色。

（左图）草玉梅

根果供药用，清热解毒，活血舒筋，止咳祛痰，利湿，消肿止痛。

紫萼老鹳草

生于山地草甸、林缘、灌丛和亚高山，分布海拔为3000~4300m。

（右页）报春

报春在保护区中有35种之多，造就了报春花属五彩缤纷的花海景观，是高原景观的重要组成部分。

鸡蛋参

桔梗科党参属，具有补养气血，润肺生津的药用功能。

（左图）川滇绣线菊

川滇绣线菊属于北温带分布类型，它是保护区高山灌丛的重要组成部分。

偏花报春

报春是一年生草本植物，作为高原地区特殊的一个类群，该属植物在本区发生了强烈的分化，主要分布在本区高山草地、林窗等处。

钟花报春

报春花以黄色为主，另外还有紫色、紫红色、淡蓝色、白色等多种颜色，花期集中在6~8月。

倒木

自然死亡的树木为植物生长提供了必需的腐殖质。

（前页）林下植被

雅鲁藏布江大峡谷是保护区中重要的水汽通道，山谷中形成局部温暖湿热的小气候，造就了层次丰富的林下植被。

杉叶藻

杉叶藻分布于我国西南高山、华北北部和东北地区，为多年生草本植物，生于浅水中，喜温暖，怕低温，在西藏工布自然保护区的湿地中广泛分布。

（右图）青稞

青稞是禾本科大麦属的一种禾谷类作物，是藏族人民的主要粮食，在青藏高原具有悠久的栽培历史，距今已有3500年。

（168页~171页）丰富多彩的真菌

真菌是保护区内具有重要生物和经济价值的一类资源，占据着非常重要的地位。有些真菌是维持自然生态平衡不可缺少的元素，有些真菌是人们获得药物的重要来源，即使对人有毒害的种类，有的也有特殊药用功效或其他重要的使用价值。

宗教、文化、生活

Religion, Civilization, Life

西藏工布自然保护区内的世居民族有藏族、门巴族和珞巴族。该区域是西藏原著居民最古老的发祥地之一。

藏族具有悠久的历史，藏族的先民们自远古时就居住在雅鲁藏布江中游两岸。数千年的时间孕育了独特的宗教、文化和社会风俗。

门巴族自称门巴，意思是“门”地方的人，门泛指西藏南部喜马拉雅山区地势较低的地方。他们有语言，无文字。语言属汉藏语系藏缅语族。因长期和藏族交往，会说藏语，通用藏语和藏文。

珞巴是藏族对居住在广大珞瑜地区人的习惯称呼，意思是南方人。他们同样有语言，无文字。

寺庙

西藏工布自然保护区所在区域的世居民族有藏族、门巴族和珞巴族，这一区域是西藏原著居民最古老的发祥地之一。

经幡和步道

经幡在风中摇动，给林芝县城周围的群山增加了肃穆神圣的色彩。

酥油灯

酥油灯可以传达藏传佛教信徒的虔诚和祈祷。人们相信酥油灯让活着的人和逝者的灵魂得以交流和沟通。

（右图）错宗工巴寺

巴松措小岛上的藏传佛教寺庙错宗工巴寺，是西藏有名的红教宁玛派寺庙，建于唐代末年，距今已有1500多年的历史。

雅鲁藏布大峡谷一号吊桥

在从排龙前往大峡谷深处扎曲村的途中，一共要经过4座这样的吊桥。

塌方

进入雅鲁藏布大峡谷腹地的道路塌方，当地居民沿着绳索攀援而上。

（182页、183页）西藏工布自然保护区内的儿童

割竹生产

收获

星空下的藏族村庄

（前页）林芝夜景

后 记

POSTSCRIPT

受西藏林芝地区林业局委托，四川省林业科学研究院承担了西藏工布自然保护区生物多样性的综合科学考察工作。从2008年7月开始，四川省林业科学研究院联合北京大学、四川大学、成都理工大学、西南林业大学、黄山学院、宜宾师范学院等单位的相关学科专家组成联合调查组，对保护区进行了历时2个月的第一次野外调查工作。此后，分别于2009年和2010年分两次对保护区的生物多样性进行了补充调查。通过详细的野外调查，西藏工布自然保护区的生物多样性本底情况第一次全面展示在了世人面前。

这本画册的构思即成型于在西藏工布自然保护区考察的那些日日夜夜。在那些考察的日子里，我们身处这一壮美的生命天堂之中，不由得产生一个想法，希望可以借助照片留住我们在保护区调查中看到的或亲身感受到的每一个精彩瞬间，同时也让更多人了解、关注和热爱这块被誉为生命天堂的高原净土。

本书由四川省林业科学研究院和西藏工布自然保护区管理局主持，由王放（北京大学）、孙治宇（四川省林业科学研究院）、刘少英（四川省林业科学研究院）、张明（西藏林芝地区林业局）、车买合（林芝地区林业局）共同编著，全书照片（除P52赤斑羚，P54羚牛，P180塌方）由王放拍摄。

感谢西藏自治区林业局、林芝地区林业局和林芝地区林业局林科所对本项目的大力支持。

感谢野外调查期间西藏自治区林业局、林芝地区林业局、林芝地区林科所、林芝县林业局、工布江达县林业局、米林县林业局、朗县林业局以及保护区所属各乡镇政府的大力支持。

感谢野外调查团队数十位专家和学者的忘我工作。

感谢在保护区工作战斗的工作人员、护林员，是你们身处一线，保卫着这片壮美的生命天堂。

感谢徐健提供赤斑羚和羚牛的野外照片，感谢王昊提供塌方照片。感谢郭鹏、张巍巍、刘晔、王辰、牛洋、杨彪、张婷婷在照片辨识过程中提供的帮助。

最后，感谢本书责任编辑田红的辛勤工作，感谢中国林业出版社的大力支持。

图书在版编目(CIP)数据

生命天堂：西藏工布自然保护区 / 王放编著; 孙治宇等编著. -- 北京：中国林业出版社, 2011.5
ISBN 978-7-5038-6119-2

Ⅰ. ①生… Ⅱ. ①王… ②孙… Ⅲ. ①自然保护区—概况—西藏—图集 Ⅳ. ①S759.992.75-64

中国版本图书馆CIP数据核字(2011)第045396号

责任编辑：田红
主要摄影：王放
图片编辑：左妍
装帧设计：左妍

出版：中国林业出版社(100009 北京西城区刘海胡同7号)
E-mail：wildlife_cfph@163.com
电话：(010)83225764
发行：新华书店北京发行所
印刷：深圳中华商务联合印刷有限公司
版次：2011年8月第1版
印次：2011年8月第1次
开本：889mm×1194mm 1/16
印张：12
印数：1~2600册
定价：120.00 元